DORMILONES DE VERANO

Animales ~~QUE HIBERNAN~~ ALETARGADOS

Melissa Stewart

Ilustrado por
Sarah S. Brannen

Traducido por
Gabriela Carrión

Charlesbridge

¡BOSTEZA, ESTÍRATE, PARPADEA!

A medida que el clima cálido se extiende por el terreno, los animales hibernantes cobran vida.

Pero pronto otro grupo de animales buscará refugio. Se acomodarán en lugares frescos y acogedores, y se sumergirán en un sueño veraniego llamado *aletargamiento*.

Algunos insectos duermen en grupos...

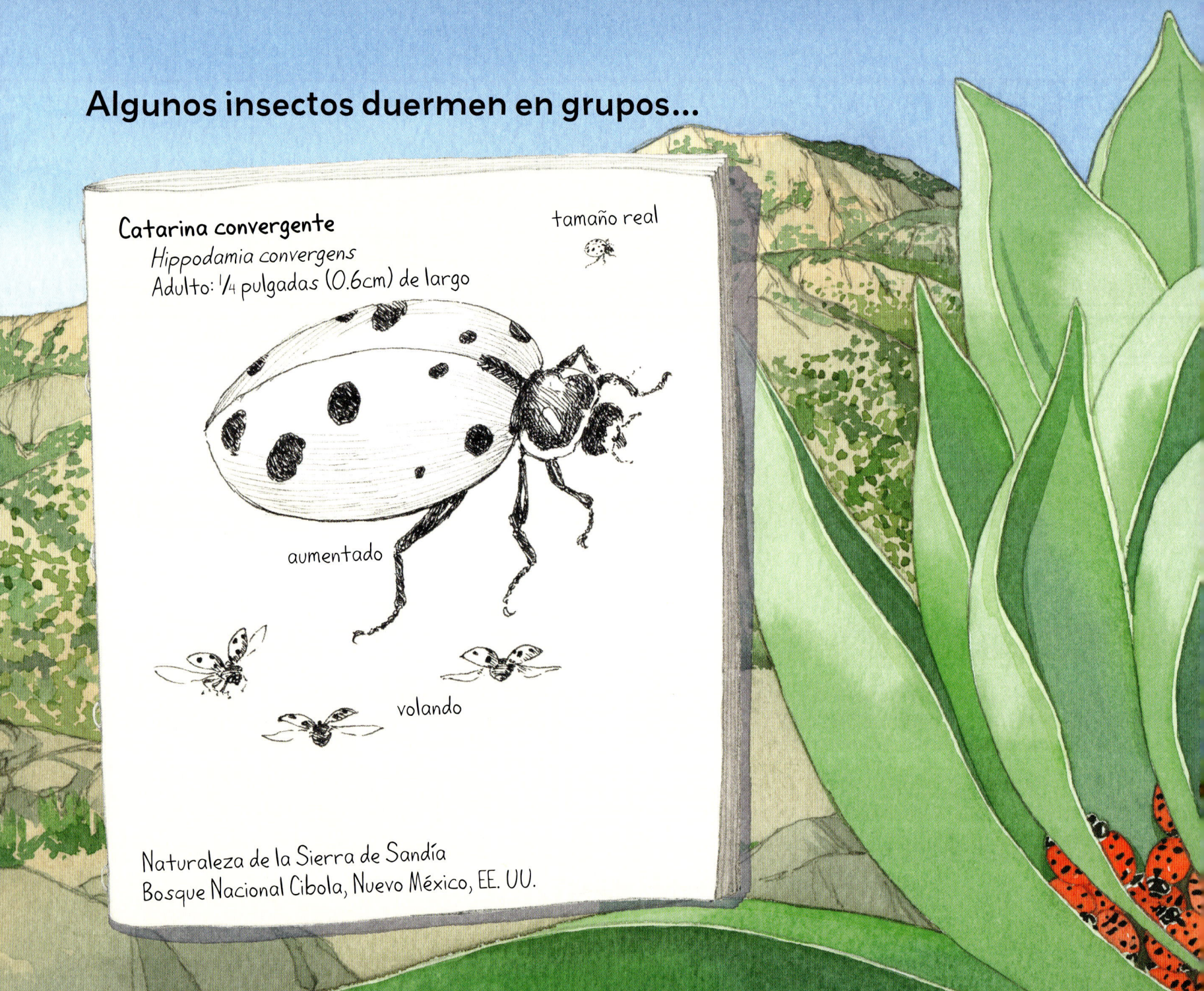

Catarina convergente
Hippodamia convergens
Adulto: ¼ pulgadas (0.6cm) de largo

tamaño real

aumentado

volando

Naturaleza de la Sierra de Sandía
Bosque Nacional Cibola, Nuevo México, EE. UU.

En lugares calurosos y secos, cientos de mariquitas se agrupan dentro de un manojo de hojas enrolladas. Su hogar oculto las mantiene a salvo mientras duermen durante el verano.

...pero otros descansan completamente solos.

Mariposa velo de duelo
Nymphalis antiopa
Adulto: 3 pulgadas
(8 cm) de ancho

tamaño real

descansando en
una hoja de roble

Área Natural de Broughton
Marietta, Ohio, EE.UU.

Una mariposa velo de duelo sale de su crisálida a principios del verano. Luego de tragar savia de árbol durante unos días, se desliza en una hendidura y se queda dormida hasta que el aroma de las hojas caídas llena el aire.

Algunas criaturas de caparazón duro trepan en lo alto para tomar una siesta...

Cuando los días pasan a ser largos y calurosos, los caracoles terrestres se aferran a las ramas de los árboles y sellan sus caparazones. Sus ritmos cardíacos disminuyen y apenas respiran mientras esperan días más frescos.

Caracol terrestre
Helix pomatia
Adulto: 1 ½ pulgadas (4 cm) de ancho

tamaño real

bebiendo una
gota de rocío

Río Hunte, Baja Sajonia, Alemania

...mientras que otras dormitan bajo tierra.

Cangrejo rojo de la Isla de Navidad
Gecarcoidea natalis
Adulto: 4 ½ pulgadas (11 cm) de ancho

la mitad del
tamaño real

migrando al océano para
aparearse y poner huevos

Parque Nacional de la Isla de Navidad
Isla de Navidad, Australia

Mientras el sol del verano golpea, los cangrejos rojos de la Isla de Navidad se refugian en el fondo de sus madrigueras. Profundamente, debajo del suelo del bosque, se resguardan y se echan una siesta.

Algunos peces se acurrucan rápidamente...

Durante parte del año, un pez pulmonado africano se escurre y se desliza en un charco poco profundo y pantanoso. Pero cuando el agua se evapora, el pez se entierra dentro del fango fresco que queda. Una baba resbaladiza sale de su cuerpo, manteniendo al pez húmedo mientras descansa.

Pez pulmonado de África Occidental
Protopterus annectens
Adulto: Hasta 40 pulgadas
(101 cm) de largo

una décima del
tamaño real

nadando en agua poco profunda

excavando en el fango a medida
que el agua se evapora

Región de Tombuctú, Mali

...pero otros dan vueltas antes de zzz.

Cuando el sol sofocante seca el hogar acuático del rivulín de manglar, los pequeños peces saltan por la tierra, volteándose de cabeza a cola, hasta que encuentran un tronco hueco. Apretujados dentro de esta oscura y húmeda guarida, los rivulines de manglar esperan días más mojados. Si la sequía dura lo suficiente, los pequeños peces caen en un sueño hasta que regresa la lluvia.

Rivulín de manglar
Kryptolebias marmoratus
Adulto: 1 a 2 pulgadas (2.5 a 5 cm) de largo

tamaño real

volteándose de cabeza
a cola para saltar
dentro del tronco

Parque Nacional Everglades, Florida, EE.UU.

Algunos anfibios descansan dentro del hogar de otro animal...

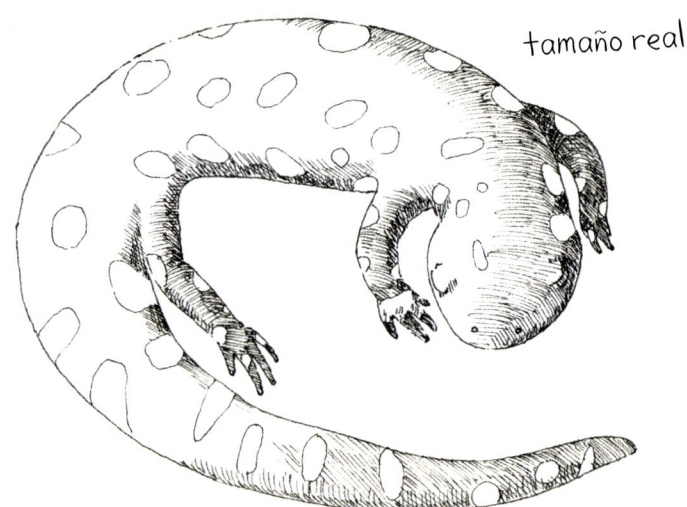

Salamandra tigre de California
Ambystoma californiense
Adulto: 7 a 8 pulgadas (17 a 20 cm) de largo

tamaño real

aletargándose dentro de su madriguera

Condado Solano, California, EE.UU.

A medida que los días se calientan, una salamandra tigre de California busca un agujero vacío hecho por un roedor y se queda dormida. La madriguera fresca y acogedora es el lugar perfecto para pasar el verano.

...mientras que otros se quedan dormidos
en un nido que construyeron ellos mismos.

Durante el calor del verano, una rana toro
africana excava un agujero en el suelo, se
envuelve en un capullo y se toma un buen
descanso. Cuando vuelve la temporada de
lluvias, la rana arranca su envoltura, se la
come y luego trepa a la superficie.

Rana toro africana
Pyxicephalus adspersus
Adulto: 4 a 8 pulgadas (10 a 20 cm) de largo

arrancando
su capullo

removiendo
su capullo

comiéndose
su capullo

una décima
parte del
tamaño real

Reserva de Caza del Kalahari Central, Botsuana

Algunos reptiles emprenden largos viajes antes de relajarse y reposar...

Tortuga moteada
Clemmys guttata
Adulto: 3 ½ a 4 ½ pulgadas (9 a 11 cm) de largo

tamaño real

excavando

Santuario de Vida Silvestre Oak Knoll
Attleboro, Massachusetts, EE.UU.

En primavera, una tortuga moteada viaja a un estanque primaveral para devorar huevos y renacuajos de anfibios. Pero cuando el estanque temporero se seca, la tortuga tiene problemas para encontrar comida. Ella migra a tierras más altas, se mete en la hojarasca del bosque y se queda dormida durante todo el verano.

...pero otros se quedan en casa para dormitar.

Geco leopardo común
Eublepharis macularius
Adulto: 7 ½ a 11 pulgadas (19 a 28 cm) de largo

tamaño real

Montañas Karoonjhar, Pakistán

Durante la mayor parte del año, un geco leopardo sale de caza por la noche y duerme durante el día dentro de una guarida acogedora. Pero en pleno verano, el pequeño lagarto se retira a su guarida durante días o semanas a la vez. Mientras el geco descansa, obtiene toda la energía que necesita de la grasa almacenada en su cola.

Algunos mamíferos dormitan sólo
por unos pocos días seguidos...

A un erizo del desierto no le importa el calor,
pero tiene problemas para encontrar comida
en los días más calurosos del año. Para ahorrar
energía, el pequeño y espinoso animal se enrolla
en un lugar con sombra y se toma un descanso
durante las olas de calor.

Erizo del desierto
Paraechinus aethiopicus
Adulto: 5 ½ a 9 pulgadas (14 a 23 cm) de largo

la mitad del
tamaño real

enrollándose para
protegerse de
un enemigo

Provincia Riyadh, Arabia Saudita

...mientras que otros duermen durante semanas y semanas.

Marmota de vientre amarillo
Marmota flaviventris
Adulto: 20 a 28 pulgadas (50 a 71 cm) de largo

una sexta parte del tamaño real

comiendo hierba verde y fresca

Bosque Nacional Bighorn, Wyoming, EE.UU.